a

Identifizierung von Biomarke   **n**

n

Deepak Bhattacharya

Identifizierung von Biomarkern für oxidativen Stress bei unipolaren Depressionen

ScienciaScripts

This book is a translation from the original published under ISBN 978-3-330-08718-7.

Publisher:
Sciencia Scripts
is a trademark of
Dodo Books Indian Ocean Ltd. and OmniScriptum S.R.L publishing group

120 High Road, East Finchley, London, N2 9ED, United Kingdom
Str. Armeneasca 28/1, office 1, Chisinau MD-2012, Republic of Moldova, Europe

ISBN: 978-620-7-27369-0

Danksagung

Ich widme dieses Buch den Patienten und ihren Familienangehörigen, die sich an diesem Experiment beteiligt haben, weil ich weiß, dass ihre Beteiligung den Weg zur Entwicklung neuer und genauerer Maßnahmen zur Erkennung und Behandlung dieser Erkrankung ebnen wird.
Meine Universität Guru Ghasidas University hat mich in jeder Phase dieses Experiments unterstützt, und meine Mutter hat mich immer motiviert, mich anzustrengen, voranzukommen und Schritte zu unternehmen, um diese Krankheit zu besiegen.

INHALTSVERZEICHNIS

Es ist ein bisschen so, als ginge man einen langen, dunklen Gang entlang und wüsste nicht, wann das Licht angehen wird.

EINFÜHRUNG

Die Depression ist eine heterogene klinische Störung und die am weitesten verbreitete psychiatrische Störung. Sie kann grob in zwei Typen eingeteilt werden: -

1) Unipolare Depression. 2) Bipolare Depression.

Die bipolare Depression unterscheidet sich von der unipolaren Depression; beide haben die gleiche Art von Symptomen, aber die unipolare Depression hat mehr Symptome, die schwerer, häufiger und länger andauern.

Unipolare Depression, definiert nach DSM-IV (Amerikanische Psychiatrische Vereinigung) wie folgt: -

Die unipolare Depression, auch bekannt als Major Depression, ist eine psychische Störung, die auf der weltweiten Liste der Behinderungen an vierter Stelle steht und bis zum Jahr 2030 voraussichtlich die zweithäufigste Krankheit sein wird. (Mathers C.D. *et al* 2006) Depressionen beeinträchtigen nicht nur die Produktivität und Lebensqualität der Patienten, sondern stellen auch eine erhebliche finanzielle Belastung für das Gesundheitswesen dar. (Martinez F.C. et al. 2013).
Sie hat folgende Symptome: -

- Ständiges Gefühl von Traurigkeit, Reizbarkeit oder Anspannung.
- Vermindertes Interesse oder Freude an üblichen Aktivitäten oder Hobbys. Energieverlust, Müdigkeitsgefühl trotz mangelnder Aktivität.
- Eine Veränderung des Appetits mit signifikantem Gewichtsverlust oder Gewichtszunahme.

- Veränderte Schlafgewohnheiten, z. B. Schlafschwierigkeiten, frühmorgendliches

Aufwachen oder zu viel Schlaf.

- Unruhe oder ein Gefühl der Verlangsamung.
- Verminderte Fähigkeit, Entscheidungen zu treffen oder sich zu konzentrieren. Gefühl der Wertlosigkeit, Hoffnungslosigkeit oder Schuldgefühle.
- Wiederkehrende Gedanken an Tod oder Selbstmord, Selbstmordgedanken, Selbstmordpläne oder -versuche. (Michel,T.M.,*et al.*;2012)

Die unipolare Depression, auch bekannt als Major Depression, ist eine psychische Störung, die auf der weltweiten Liste der Behinderungen an vierter Stelle steht und bis zum Jahr 2030 voraussichtlich die zweithäufigste Krankheit sein wird. (Mathers C.D. et al 2006) Depressionen beeinträchtigen nicht nur die Produktivität und Lebensqualität der Patienten, sondern stellen auch eine erhebliche finanzielle Belastung für das Gesundheitswesen dar. (Martinez F.C. et al 2013). Sie weist folgende Symptome auf: -

- Ständiges Gefühl von Traurigkeit, Reizbarkeit oder Anspannung.
- Vermindertes Interesse oder Freude an üblichen Aktivitäten oder Hobbys. Energieverlust, Müdigkeitsgefühl trotz mangelnder Aktivität.
- Eine Veränderung des Appetits mit signifikantem Gewichtsverlust oder Gewichtszunahme.
- Veränderte Schlafgewohnheiten, z. B. Schlafschwierigkeiten, frühmorgendliches Aufwachen oder zu viel Schlaf.
- Unruhe oder ein Gefühl der Verlangsamung.
- Verminderte Fähigkeit, Entscheidungen zu treffen oder sich zu konzentrieren. Gefühl der Wertlosigkeit, Hoffnungslosigkeit oder Schuldgefühle.
- Wiederkehrende Gedanken an Tod oder Selbstmord, Selbstmordgedanken, Selbstmordpläne oder -versuche. (Michel,T.M.,*et al.*;2012)

Das DSM-IV-T6 kennt zwei Kategorien von unipolaren Depressionen: die **Major Depression** und die **dysthymische Störung. Die** dysthymische Störung ist eine weniger schwere Form der depressiven Störung als die Major Depression, aber sie ist chronischer. Um die Diagnose einer dysthymischen Störung zu erhalten, muss eine

Person mindestens zwei Jahre lang an einer depressiven Stimmung und zwei weiteren Symptomen einer Depression leiden. Während dieser zwei Jahre darf die Person nie länger als zwei Monate ohne die Symptome der Depression gewesen sein. Einige unglückliche Menschen leiden sowohl an einer schweren Depression als auch an einer dysthymischen Störung. Dies wird als doppelte Depression bezeichnet. Menschen mit einer doppelten Depression sind chronisch dysthymisch und fallen dann gelegentlich in Episoden einer schweren Depression. Wenn die schwere Depression vorüber ist, kehren sie jedoch eher zur Dysthymie zurück, als dass sie zu einer normalen Stimmung zurückfinden. (Jollies.J., et al. 1997)

Nach Angaben des NMHP (National Mental Health Program) der WHO aus dem Jahr 2008 leiden 510 % der Gesamtbevölkerung an einer unipolaren Depression. Davon leiden 17 % der Erwachsenen an dieser Krankheit, die die Hauptursache für die Zunahme von Selbstmorden bei Erwachsenen ist. Es wird geschätzt, dass Depressionen bis zum Jahr 2020 die zweithäufigste Ursache für behinderungsbereinigte Lebensjahre (DALYs) sein werden, wenn sich der gegenwärtige Trend fortsetzt. (Schaefer, K.L.;etal.2010)

Die unipolare Depression ist eine neurodegenerative Erkrankung, die aufgrund der Apoptose von Neuronen (dopaminergen Neuronen) im Gehirn infolge von **oxidativem Stress** auftritt, der zu einem chemischen Ungleichgewicht führt, d. h. zu einer Schwankung des Spiegels der Monoamin-Neurotransmitter im Gehirn, insbesondere der Katecholamine (Dopamin, Noradrenalin und Serotonin), und dieses chemische Ungleichgewicht führt zu einer unipolaren Depression. Obwohl Neurotransmitter in sehr geringen Mengen und nur in bestimmten Teilen des Gehirns vorhanden sind, können sie nicht direkt analysiert werden, weshalb die Hypothese aufgestellt wurde, dass erhöhter oxidativer Stress mit unipolarer Depression zusammenhängt. Oxidativer Stress entsteht durch ein gestörtes Gleichgewicht zwischen der Homöostase von Prooxidantien und Antioxidantien, was zu einer Überproduktion von freien Radikalen wie reaktiven Sauerstoffspezies (ROS) führt. Diese ROS schädigen Biomoleküle (Lipide, Proteine, DNA) und führen zu zellulärer Apoptose, wobei das Nervensystem aus folgenden

Gründen besonders anfällig für reaktive Sauerstoffspezies ist

- Ein hoher Sauerstoffverbrauch des Gehirns für einen hohen Energiebedarf, d. h. ein hoher O^2-Verbrauch, führt zu einer übermäßigen ROS-Produktion.

- Neuronale Membranen sind reich an mehrfach ungesättigten Fettsäuren (PUFA), die besonders anfällig für den Angriff freier Radikale sind.

- Der hohe Ca-Verkehr^{2+} über neuronale Membranen und die Störung des Ionentransports erhöhen das intrazelluläre Ca^{2+} und führen häufig zu OS.

- Eisen wird im gesamten Gehirn gebildet, und bei Hirnschäden werden leicht Eisenionen freigesetzt, die freie radikale Reaktionen katalysieren können.

- Die antioxidativen Abwehrmechanismen sind bescheiden und weisen geringe Mengen an Katalase, Glutathionperoxidase und Vitamin E auf.

- ROS regulieren Proteine der tight junctions herunter.

- Neuronale Mitochondrien erzeugen o2

- Die Wechselwirkung von NO mit Superoxid kann auch bei der neuronalen Degeneration eine Rolle spielen.

- Neuronale Zellen vermehren sich nicht und sind daher empfindlich gegenüber ROS. (Fanbarg, B.L.;2000)

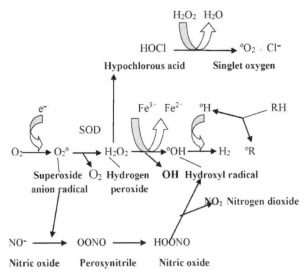

Abb. 1: Entstehung von freien Radikalen

Daher können die Biomarker für oxidativen Stress eine wichtige Rolle bei der

Frühdiagnose unipolarer Depressionen spielen, da sie die Relevanz oxidativer Schäden

für unipolare Depressionen aufzeigen und die erkrankte Person einer ersten Behandlung

unterzogen werden kann, die zudem Informationen über das Ansprechen des Patienten

auf diese Behandlung liefert. (Grabowski, H.G., *etal.* 2003)

Darüber hinaus sollten diese Biomarkerkandidaten die folgenden Merkmale erfüllen: -

• Sollte eine Begrenzung haben und gut charakterisiert sein.

• Ihr Zweck sollte klar erkennbar sein. Sie sollte einen Vergleich mit anderen neurobiologischen Störungen ermöglichen.

• Sollte einen Vergleich mit anderen neurobiologischen Beobachtungen ermöglichen.

• Sie sollten zeitnah, klinisch nützlich und kosteneffizient sein.

• Sie kann in die klinische Versorgungspraxis integriert werden.

Depression bedeutet, in einem Körper zu leben, der ums Überleben kämpft, und in einem Geist, der zu sterben versucht.

Zunahme der unipolaren Depression

Reaktive Sauerstoffspezies

In einem Oxidations-Reduktions-Gleichgewicht befinden sich die antioxidativen und oxidativen Moleküle im Organismus im Gleichgewicht. Wenn eine Zunahme der freien Radikale eine Zunahme der Aktivität der antioxidativen Systeme bewirkt, führt dies zu einem Zustand der Redox-Homöostase. Der Verlust des Oxidations-Reduktions-Gleichgewichts im Organismus, der durch einen Überschuss an Oxidantien oder ein Defizit im antioxidativen System verursacht wird, wird als oxidativer Stresszustand definiert, der durch einen hohen Gehalt an reaktiven Spezies gekennzeichnet ist. (Crisostomo, N.C.; 2000). Sie werden im Organismus während des normalen Stoffwechsels gebildet. Milder oxidativer Stress und freie Radikale spielen eine wichtige Rolle bei der Regulierung zahlreicher Prozesse im Organismus, z. B. bei der Phagozytose, der Apoptose, der Befruchtung von Eizellen, der Aktivierung bestimmter Transkriptionsfaktoren oder bei Zellsignalwegen.

Wirkung reaktiver Sauerstoffspezies auf Zellen

Wenn ROS und RNS jedoch in großen Mengen und am falschen Ort produziert werden, können sie oxidative Veränderungen von Lipiden, Proteinen und DNA verursachen. Sie können Zellmembranen und die Funktion von Rezeptoren verändern und die Aktivität von Enzymen und Genen beeinträchtigen. Oxidativer Stress trägt auch zum Alterungsprozess bei. Um die übermäßige Produktion von ROS und RNS zu bekämpfen, hat der Organismus Schutzsysteme und -mechanismen gegen ihre toxischen Auswirkungen entwickelt. Der Schutz ist auf drei Ebenen organisiert:

(a) Systeme, die die FR-Bildung verhindern, wie z. B. Inhibitoren von Enzymen, die die FR-Bildung katalysieren.

(b) Wenn diese primären Schutzsysteme unzureichend sind und sich bereits FR und ROS gebildet haben, treten Fänger und Fallensteller von FR in Aktion und beseitigen die hohe Reaktivität der ROS, indem sie sie umwandeln

in radikalfreie und ungiftige Metaboliten. Diese Verbindungen werden als Antioxidantien bezeichnet und verhindern die Oxidation biologisch wichtiger Moleküle durch FR oder ROS.

(c) Wenn der Schutz des Organismus auf dieser Ebene versagt, erkennen Reparatursysteme beeinträchtigte Moleküle und bauen sie ab, wie im Falle von Proteinasen bei oxidativ veränderten Proteinen, Lipasen bei oxidativ beschädigten Lipiden oder DNA-Reparatursystemen bei veränderten DNA-Basen.

Neurodegeneration durch reaktive Sauerstoffspezies

Der Zustand des oxidativen Stresses spielt eine wichtige Rolle bei der Entwicklung vieler neurodegenerativer Erkrankungen und anderer Prozesse im Zusammenhang mit pathologischem Altern (Flovd et al., 2011). Die Plastizität des Gehirns ermöglicht das normale Funktionieren bestimmter geistiger Funktionen, z. B. des Lern- und Gedächtnisprozesses. Die Synapsen, die sich zwischen den Neuronen bilden, sind hochgradig organisiert und stellen spezifische Strukturen dar, die schnelle und hochselektive Interaktionen zwischen den Zellen als Reaktion auf die ständigen Umweltveränderungen ermöglichen, die die Neuroplastizität hervorrufen (Jungerman, B. et al., 2011). Dies ermöglicht es den Zellen des Nervensystems, sowohl funktionell als auch strukturell ständig verändert zu werden, um neue Dendriten und synaptische Verbindungen zu bilden. Der Plastizitätsprozess des Gehirns kann durch oxidativen Stress gestört werden, der zu oxidativen Schäden, Prozessverlusten, Synapsenabsterben und Veränderungen bei der Bildung neuer Zellen führt.

(Arancibia,R. et al., 2010). Die synaptische Übertragung beinhaltet die Freisetzung von Neurotransmittern aus den präsynaptischen Neuronen und deren Erkennung durch einen spezifischen Rezeptor auf der Membranoberfläche des postsynaptischen Neurons. Unter homöostatischen Bedingungen wird die synaptische Plastizität durch Veränderungen in der Anzahl der Rezeptoren in der postsynaptischen Membran, Veränderungen in Form und Größe der Dendritenstacheln und kinetische Modulation der Proteinsynthese und des Proteinabbaus reguliert.

Neurodegenerative Erkrankungen - Prozesse, Prävention, Schutz und Überwachung.

Die reaktiven Spezies bewirken eine Oxidation von Lipiden, Proteinen und DNA in der Zelle, wodurch sich die Proteine entfalten. Die Oxidation der Moleküle, die die Zellmembran bilden, verändert deren selektive Durchlässigkeit, was zu einem Verlust des osmotischen Gleichgewichts führt.

Smythies (1999) schlug die Redox-Hypothese des Lernens und des Neurocomputings vor. Diese Hypothese besagt, dass Redox-Signale einen Mechanismus steuern können, der an der Plastizität des Gehirns beteiligt ist und bei dem das Wachstum und die Beseitigung von Synapsen und Dendritenstacheln vom Redox-Zustand abhängen. Das Schicksal einer Synapse, das zum Teil vom Redox-Gleichgewicht abhängt, bedeutet, dass die Zelle in einen oxidativen Stresszustand gerät und die reaktiven Sauerstoffspezies (ROS) die Beseitigung der Stacheln bewirken. Dies wurde bei Alkoholismus und neurodegenerativen Erkrankungen nachgewiesen (Gotz et al., 2001). Wenn die Umgebung der Zelle antioxidativ ist, bleiben die Synapsen erhalten (Smythies, 1999) und die Anzahl der Synapsen wird erhöht, was plastische Gehirnphänomene erleichtert. Das Zentralnervensystem (ZNS) ist aufgrund seines hohen Lipidgehalts, seines hohen Sauerstoffverbrauchs und seines geringen Anteils an antioxidativen Enzymen besonders empfindlich gegenüber Oxidantien, da es

Neurotransmitter wie Acetylcholin und Glutamat enthält und außerdem in der Lage ist,

neue Neuronen im Dentategyrus zu produzieren, was es anfällig für

Redoxveränderungen macht.

Diese Reaktion wird zum Teil durch oxidative Veränderungen moduliert, und ein

Übermaß an reaktiven Spezies blockiert die Neurogenese (Arancibia, R. etal., 2010).

Der normale Dopamin-Stoffwechsel im Gehirn beinhaltet viele oxidative Reaktionen. In

einem Zustand des Redox-Gleichgewichts stört die Dopaminoxidation den normalen

Dopamin-Stoffwechsel nicht, da oxidiertes Dopamin durch eine komplexe Reihe von

Reaktionen in Neuromelanin umgewandelt wird. Der Verlust des Redox-Gleichgewichts

führt zur Oxidation des zytoplasmatischen Dopamins in Gegenwart von

Übergangsmetallen, wobei Superoxid, Wasserstoffperoxid und das Hydroxylradikal

entstehen. Die dopaminergen Neuronen in der Substantia nigra sind an verschiedenen

Funktionen wie Lern- und Gedächtnisprozessen und motorischer Kontrolle beteiligt. Bei

einem Verlust des Redox-Gleichgewichts erleiden diese Neuronen leicht oxidative

Schäden und beginnen eine Kette von Ereignissen auszulösen, bei denen die Synthese

und der Stoffwechselweg von Dopamin aufgrund der Chinonbildung zur Erhöhung des

oxidativen Stresszustands beitragen, wodurch der nigroestriatale Pfad im Vergleich zu

anderen Gehirnstrukturen viel anfälliger für Schäden ist (Lopez et,S.et al., 2010). Für die

Untersuchung von oxidativem Stress und seiner biologischen Bedeutung im Organismus

wurden verschiedene Methoden verwendet. Dies reicht von der Biochemie über

Zellkulturen und Tiermodelle bis hin zu klinischen Studien. Demnach oxidieren ROS

DNA, Proteine und Lipidmembranen (Postlethwait et al., 1998), was, wenn es nicht

ausgeglichen wird, zu Schäden und Zelltod führt. Die antioxidativen Abwehrkräfte sind

in der Lage

Je nach Dosis und Expositionsdauer können sie den Schaden neutralisieren, aber wenn

sie überfordert sind, beginnt eine Kette von chemischen Reaktionen, die zur Bildung von

ROS führen.

Anfälligkeit des Hirngewebes für reaktive Sauerstoffspezies

Die ROS gelangen ins Blut und erreichen über den Blutkreislauf den gesamten Organismus, wodurch ein Zustand weit verbreiteten oxidativen Stresses entsteht (Arancibia, R.; et al., 2000). Oxidativer Stress verursacht Veränderungen in der Plastizität des Gehirns, die sich in Defiziten bei Lernprozessen, Gedächtnis und motorischem Verhalten äußern.

Das Hirngewebe ist besonders anfällig für oxidative Schäden, die durch den hohen Sauerstoffverbrauch, die hohe Stoffwechselrate und den niedrigen Gehalt an antioxidativen Enzymen wie SOD, Glutathionperoxidase und Katalase verursacht werden. Das Gehirn ist an dem hohen O_2 -Verbrauch beteiligt, der für die Aufrechterhaltung der neuronalen intrazellulären Ionenhomöostase angesichts der vielen Öffnungen und Schließungen von Ionenkanälen, die mit der Ausbreitung von Aktionspotenzialen und der Neurosekretion verbunden sind, große Mengen an ATP benötigt. Aufgrund des hohen Gehalts an mehrfach ungesättigten Fettsäuren im Gehirn, die sehr anfällig für Oxidation sind, wird ein erheblicher Anstieg der Lipidperoxidatwerte durch eine Zunahme der ROS verursacht. Die verschiedenen Gehirnstrukturen reagieren unterschiedlich auf oxidative Schäden. So führt die Unterbrechung der Mitochondrienfunktion in Neuronen durch Toxine oder die fehlende Versorgung mit o2 oder Substraten für die Energieproduktion zu einer schnellen Schädigung. Daher können Biomarker für oxidativen Stress als wirksames Mittel zur Erkennung einer unipolaren Depression im Frühstadium angesehen werden.

Geprüfte Biomarker

Gegenwärtig werden einige der folgenden Biomarker für oxidativen Stress von Forschern untersucht: -

BDNF:- BDNF ist ein aus dem Serum gewonnener neurotropher Faktor des Gehirns, der an der Förderung der synaptischen Plastizität und der neuronalen Konnektivität beteiligt ist. Trotz klarer phänomenologischer Kriterien bleibt die Differenzialdiagnose von unipolarer und bipolarer Depression eine klinische Herausforderung. Die Differenzialdiagnose zwischen depressiven Episoden bei bipolarer Depression und unipolarer Depression ist entscheidend, um Fehldiagnosen, Verzögerungen bei der angemessenen Behandlung und eine schlechte Prognose zu vermeiden. Unipolare Störungen sind weithin als Störungen anerkannt, die sich auf Neurotrophine auswirken, insbesondere auf den vom Gehirn abgeleiteten neurotrophen Faktor (BDNF). (Berk et al., 2008; Kapczinski et al., 2008) Die Idee, dass Veränderungen des BDNF-Spiegels an der Pathophysiologie von depressiven Episoden bei BD und unipolaren Depressionen beteiligt sein könnten, wurde bereits ausführlich beschrieben (Duman et al., 1997, 2000; Cunha et al., 2006; Gama et al., 2007; Machado-Vieira et al., 2007; Guimaraeset al., 2008; Kapczinski et al., 2008b,c; Kauer-Sant'Anna et al., 2008; Fernandes et al., 2009; Oliveira et al., 2009). Die optimale Sensitivität und Spezifität des Serum-BDNF-Verhältnisses für die Diagnose einer depressiven BD-Episode wurde durch eine Analyse der Receiver-Operating-Characteristic-Kurve (ROC) unter Verwendung eines nichtparametrischen Ansatzes ermittelt. Das Ergebnis war, dass der Serum-BDNF-Spiegel bei BD um mehr als 50 % niedriger war als bei Kontrollen und bei Patienten mit unipolarer Depression. Der BDNF-Serumspiegel wurde durch Alter und Geschlecht nicht beeinflusst und zeigte eine Gesamtgenauigkeit von 95 % bei der Diagnose der bipolaren Depression.

F2-IsoPS :- F2-Isoprostane (F2-IsoPs) (Produkte der durch freie Radikale induzierten Peroxidation von Arachidonsäure) gelten derzeit als der zuverlässigste Marker für oxidative Schäden beim Menschen [Halliwell, B.;et al.;.2009]. F2-IsoPs liegen in veresterter Form in Phospholipiden vor und werden in freier Form durch die Aktivitäten der Phospholipase A2 (PLA2) und der Thrombozyten-aktivierenden Faktor-

Acetylhydrolase (PAF-AH) freigesetzt.

HETES :- Hydroxyeicosatetraensäure-Produkte (HETEs) Arachidonsäure kann ebenfalls sowohl enzymatisch als auch nicht-enzymatisch oxidiert werden, um ein (HETE)-Produkt zu erzeugen. Es wurden mehrere Isomere von HETEs identifiziert (z. B. 5-, 8-, 9-, 11-, 12-, 15- und 20-HETE), und von einigen ist bekannt, dass sie vasoaktive Effekte haben.

COPS: - Cholesterinoxidationsprodukte (COPs) sind eine Gruppe von Oxysterolen, die aus der Cholesterinoxidation über enzymatische Cytochrom-P450- (zur Bildung von 24- und 27-Hydroxycholesterin) und Nicht-Cytochrom-P450-Wege (zur Bildung von 7β-Hydroxycholesterin und 7-Ketocholesterin) entstehen. (Diczfalusy, U.et.al;2004).

F4-NPS: - Neuroprostane (F4-NPs) sind oxidierte Produkte der Docosahexaensäure (DHA), die in neuronalen Membranen hoch konzentriert sind (Markesbery, W. R. et al.; 1998).

NAA :- N-Acetyl-Asparaginsäure (NAA) ist ein neuronenspezifischer Biomarker.

Periphere Biomarker: - nach Schimdt D.;2012 peripheres Blut (PB) (Serum/Plasma) oder Urin oder sogar in peripheren Geweben selbst wie Fibroblasten oder Blutzellen können sich als gute Alternative für den Nachweis von oxidativem Stress im Vergleich zu anderen Quellen wie BDNF, Liquor (Biomarker aus dem zentralen Nervensystem) erweisen, da Studien zu diesen Faktoren im Vergleich zu peripheren Biomarkern einige folgende Einschränkungen aufweisen: -

- Aus dem CNS gewonnenes Probenvolumen.

- Die Entnahme von Proben aus dem ZNS ist ein langwieriger Prozess.

- Oxidativer Stress, der direkt am ZNS gemessen wird, zeigt im Vergleich zu peripheren Biomarkern unerwünschte Ergebnisse.

Produkte der Lipidperoxidation:

Bei der Lipidperoxidation handelt es sich um eine durch freie Radikale vermittelte Reaktionskette, die, sobald sie in Gang gesetzt wurde, zu einer oxidativen Schädigung mehrfach ungesättigter Lipide führt. Die häufigsten Ziele sind Bestandteile biologischer Membranen. Wenn sie sich in biologischen Membranen ausbreiten, können diese Reaktionen ausgelöst oder bewirkt werden.

MDA ist ein dreikohlenstoffhaltiger Aldehyd mit niedrigem Molekulargewicht, der durch verschiedene Mechanismen gebildet werden kann. (Farina,M.et al.2008) postulierte einen Mechanismus der MDA-Bildung, der auf der Tatsache beruht, dass nur Peroxide, die a- oder Punsättigungen an der Peroxidgruppe aufweisen, in der Lage sein könnten, eine Zyklisierung zu durchlaufen, um schließlich MDA zu bilden

(8-oxodG): -Urin 8-Hydroxy-2'-desoxyguanosinDie Messung von 8-oxodG im Urin ist einfacher. Extrazelluläres 8-OxodG wird ohne weiteren Metabolismus mit dem Urin ausgeschieden. Es ist im Urin stabil, und die Konzentrationen werden durch Ernährung oder Zelltod nicht direkt beeinflusst. Der Ursprung von 8-OxodG im Urin ist nicht klar, aber man nimmt an, dass es aus der Sanierung des Nukleotidpools stammt. Dies macht 8-OxodG im Urin zu einem potenziell spezifischen und robusten Biomarker für oxidativen Stress im gesamten Körper (Cooke M.S.; et al. 2005; Kasai H.; et al. 2001).

Liquor: - Zerebrospinalflüssigkeit (Liquor), die durch Lumbalpunktion gewonnen wird. Der Liquor ist eine vielversprechende Quelle für Biomarker nicht nur für unipolare Depressionen, sondern auch für andere neurodegenerative Erkrankungen, da der Liquor in direktem Kontakt mit der interstitiellen Flüssigkeit des Gehirns steht, in der sich biochemische Veränderungen im Zusammenhang mit der Krankheit widerspiegeln können. Wenn freie Radikale Proteine wie das Neuroaxon schädigen, werden diese Proteine in den Liquor freigesetzt, wo sie durch folgende Liquormarker quantifiziert werden können: 1) Tau 2) Liquor t-tau. (Tumani H.;2008) Das Ziel der reaktiven Spezies ist die Kohlenstoff-Kohlenstoff-Doppelbindung der mehrfach ungesättigten Fettsäuren (I). Diese Doppelbindung schwächt die Kohlenstoff-Wasserstoff-Bindung, so dass ein freies Radikal den Wasserstoff leicht abstrahieren kann. Ein freies Radikal kann dann das Wasserstoffatom abstrahieren und es entsteht ein freies Lipidradikal (II), das oxidiert wird und ein Peroxylradikal (III) bildet. Das Peroxylradikal kann mit anderen mehrfach ungesättigten Fettsäuren reagieren, wobei es ein Elektron entzieht und ein Lipidhydroperoxid (IV) und ein weiteres freies Lipidradikal erzeugt. Dieser Prozess kann in einer Kettenreaktion kontinuierlich fortgesetzt werden. Das Lipidhydroperoxid ist instabil und seine Fragmentierung führt zu Produkten wie Malondialdehyd (V) und 4-Hydroxy-2-nonenal:

MDA (Malondialdehyd) ist ein Nebenprodukt der Lipidperoxidation, das das Ausmaß der Peroxidation von Lipiden in Neuronen anzeigt. 4-Hydroxynonenal (4-HNE) spielt eine wichtige Rolle bei oxidativem Stress. 4-HNE ist ein Aldehyd, das durch Peroxidation von ®-6-Fettsäuren gebildet wird.9 Millimolare Konzentrationen von 4-HNE führen zum Abbau von Glutathion, zur Hemmung der DNA-, RNA- und Proteinsynthese und sind akut zytotoxisch. Die Nervenzellen sind reich an PUFA (mehrfach ungesättigten Fettsäuren) und im Allgemeinen wehrlos gegenüber ROS, die zur Oxidation von Lipiden in der Membran und zur Apoptose der Zellen führen.

__Posttranslationale Modifikationen von Proteinstrukturen durch oxidativen Stress__

Wenn die ROS-Konzentration die Fähigkeit der Zelle übersteigt, sie zu entfernen, führt dies zu einer Veränderung der Aminosäureseitenketten und zu bemerkenswerten Veränderungen der Sekundär- und Tertiärstruktur des Proteinmoleküls. Diese Proteinveränderungen durch Oxidantien führen im Allgemeinen zum Verlust der biologischen Funktion des Proteins.

Die Oxidation von Proteinen führt zu strukturellen Veränderungen, die zu einer Entfaltung des Proteins und folglich zu einer Erhöhung der Hydrophobizität der Proteinoberfläche führen. Die Oberflächenhydrophobie ist der Schlüsselfaktor für die Erkennung und den Abbau des Substrats durch verschiedene Proteasen.

Aufgrund der bisherigen Studien zu oxidativem Stress als einer der Hauptursachen für Neurodegeneration und der Verwendung einiger peripherer Biomarker für oxidativen Stress zur Erkennung von Neurodegeneration kann davon ausgegangen werden, dass Biomarker für oxidativen Stress als geeignetes Mittel zur Bestimmung der unipolaren Depression im Frühstadium betrachtet werden können.

__Überblick über die zellulären Faktoren, die zu einer unipolaren Depression führen__

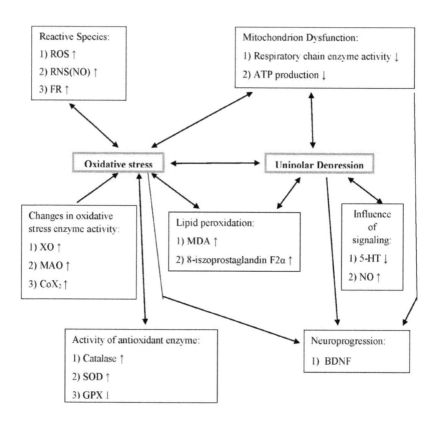

Materialien und Methoden

Studienpopulation: - Blutproben wurden von Patienten mit unipolarer Depression in der OPD (Ambulanz für Depressionen) entnommen, nachdem der Dekan des CIMS (Chhattisgarh Institute of Medical Sciences) eine schriftliche Genehmigung erteilt hatte. Um die Relevanz und den Vergleich zu gewährleisten, wurden auch Blutproben von normalen Personen (die nicht an einer neurodegenerativen Erkrankung leiden) entnommen, die als Kontrolle dienten. Die Proben wurden sowohl von Kontrollpersonen als auch von erkrankten Personen mit den folgenden demographischen Daten entnommen: -

Blutentnahme und Serumisolierung: -

Jedem normalen und betroffenen Probanden wurden 5 ml Blut durch Venenpunktion entnommen und in einem gerinnungshemmenden Fläschchen gesammelt. Die von den Patienten und den Kontrollpersonen entnommenen Blutproben wurden eine halbe Stunde lang bei normaler Raumtemperatur aufbewahrt und dann 10 Minuten lang bei 3000 U/min zentrifugiert. Die abgetrennte Serumfraktion wurde isoliert und bei -20°C im Gefrierschrank gelagert.

Das gewonnene Serum wurde zwei Arten von Analysen unterzogen: -
1) Biochemische Analyse
2) Proteomik oder Proteinanalyse

Biochemische Analyse

Die biochemische Analyse umfasst die biochemischen Parameter oder Tests, die die Rate der ROS-Produktion und die enzymatische Aktivität der Enzyme, die als Antioxidantien fungieren, bestimmen.

Die folgenden biochemischen Tests werden zur Analyse von Biomolekülen eingesetzt, die durch oxidativen Stress beeinträchtigt werden

1) DPPH-Assay
2) Test der Katalase-Aktivität
3) Test auf Lipidperoxidation

DPPH-Assay: -

Prinzip: 2,2-Diphenyl-1-picrylhydrazyl(DPPH) DPPH ist weit verbreitet, um die Wirksamkeit verschiedener antioxidativer Substanzen als Radikalfänger zu bewerten. Der DPPH-Radikalfänger ist einfach zu handhaben, hat eine hohe Empfindlichkeit und ermöglicht eine schnelle Analyse der antioxidativen Aktivität einer großen Anzahl von Proben. DPPH ist ein freies Radikal, das bei 517 nm absorbiert und ein Elektron oder Wasserstoffradikal aufnimmt, um ein stabiles diamagnetisches Molekül zu werden. Beim DPPH-Assay konnten die wasserstoffspendenden Antioxidantien das stabile Radikal DPPH in methanolischer Lösung zu dem gelb gefärbten Diphenylpicrylhydrazin reduzieren. Infolgedessen sinkt die Absorption bei 517 nm aufgrund der Zunahme der nichtradikalischen Form von DPPH.

Protokoll

1) Serielle Verdünnung der Serumprobe in folgenden Reihen durchführen: 1/100,1/200,1/300,1/400,1/500 in Methanol.

2) Zu jeder verdünnten Probe 500 pL 1mM DPPH-Lösung hinzufügen und die Probe durch Schütteln mischen.

3) Inkubieren Sie die Probe 40 Minuten lang bei Raumtemperatur.

4) Bestimmung der Radikalfängeraktivität; die Absorption der oben genannten Probe wird mit einem UV-Vis-Spektrophotometer bei einer Absorption von 517 nm bestimmt. Der DPPH-Radikalfängertest wurde nach der folgenden Formel bestimmt

Radikalfänger = [(Extinktion der Kontrolle - Extinktion der Probe) / Aktivität - Extinktion der Kontrolle] *100

(Chen, J.C.;et al.2007)

Test der Katalase-Aktivität:

Katalase ist ein weit verbreitetes Enzym, das in fast allen lebenden Organismen vorkommt, die Sauerstoff ausgesetzt sind (wie Bakterien, Pflanzen und Tiere). Es ist hauptsächlich in den Peroxisomen von Säugetierzellen vorhanden. Katalase hat zwei enzymatische Aktivitäten, die von der H_2O_2-Konzentration abhängen. Ist die H_2O_2-Konzentration hoch, wirkt die Katalase katalytisch, d. h. sie entfernt H_2O_2 durch Bildung von H_2O und O_2 (katalytische Reaktion). Bei einer niedrigen H_2O_2-Konzentration und in Anwesenheit eines geeigneten Wasserstoffdonators, z. B. Ethanol, Methanol, Phenol und anderen, wirkt Katalase jedoch peroxidisch und entfernt H_2O_2, oxidiert aber ihr Substrat (peroxidische Reaktion).

Prinzip: Wasserstoffperoxid ist ein allgegenwärtiges Zwischenprodukt im Energiezyklus der Zelle und kommt in hoher Konzentration in den Mitochondrien vor. Es wird auch in vielen zellulären Reaktionen als Substrat für die Bildung organischer Proteine verwendet. Es verursacht die Bildung von Sauerstoffradikalen, wenn eisenhaltige Kationen vorhanden sind. Wasserstoffperoxid kann durch die katalytische Fenton-Reaktion und die Haber-Weiss-Reaktion ein Hydroxylradikal (das stärkste bekannte Oxidationsmittel) erzeugen: -

(I) $\bullet O^{2-} + H_2O_2 \rightarrow \bullet OH + HO\text{-} + O_2$

(II) $Fe^{3+} + \bullet O^{2-} \rightarrow Fe^{2+} + O_2$

III) $Fe^{2+} + H_2O_2 \rightarrow Fe^{3+} + OH\text{-} + \bullet OH$

Einige Mitglieder der MAPK-Familie wurden auch als potenzielle Ziele von ROS in Betracht gezogen. Big MAPK-1 (BMK-1) scheint in mehreren getesteten Zelllinien viel empfindlicher als ERK1/ERK2 auf H_2O_2 zu reagieren, was auf eine potenziell wichtige

21

Rolle von BMK-1 als redoxempfindliche Kinase hindeutet (Victor,J;et al.2000), zusammen mit einer schädigenden Wirkung auf Proteine, Lipide und DNA. Das Enzym Katalase ist ein endogenes Antioxidans, das in allen aeroben Zellen vorhanden ist und dazu beiträgt, die Entfernung von Wasserstoffperoxid zu erleichtern, um zu verhindern, dass diese Art von Bedingungen die Hydrolyse von H2O2 zu Wasser und Sauerstoff verursachen.

Protokoll:

1) Geben Sie 50 pL der Probe zu 2950 pL 0,059M H2O2(30%).
2) Mischen Sie die Probe durch Vortexen.
3) Bestimmung der katalytischen Aktivität: Messen Sie die Absorption der Probe am UV-Vis-Spektralphotometer bei einer Wellenlänge von 240 nm in Bezug auf 0,05 M Kaliumphosphatpuffer in regelmäßigen Abständen von 60 Sekunden, wobei die enzymatische Aktivität nach folgender Formel berechnet wird -

Katalaseaktivität = [(Absorption bei 240 nm pro min.x1000) /

(U/mL)   (43,6 x Volumen des Enzyms pro mL der Reaktionsmischung)]

(Lente,V.F.; et al.1990)

LPO (Lipidperoxidationstest): -

Die Lipidperoxidation ist ein Prozess, der auf natürliche Weise in geringen Mengen im Körper entsteht, hauptsächlich durch die Wirkung verschiedener reaktiver Sauerstoffspezies (Hydroxylradikal, Wasserstoffperoxid usw.). Sie kann auch durch die Wirkung verschiedener Phagozyten entstehen. Diese reaktiven Sauerstoffspezies greifen leicht die mehrfach ungesättigten Fettsäuren der Fettsäuremembran an und setzen eine sich selbst verstärkende Kettenreaktion in Gang. Die Zerstörung von Membranlipiden und die Endprodukte solcher Lipidperoxidationsreaktionen sind besonders gefährlich für die Lebensfähigkeit von Zellen und sogar Geweben.

Das Prinzip: Freie Radikale induzieren die Lipidperoxidation, die bei pathologischen Prozessen eine wichtige Rolle spielt. Neuronale Zellen besitzen einen hohen Anteil an PUFA (mehrfach ungesättigten Fettsäuren) im Lipid. Die durch freie Radikale verursachte Schädigung kann anhand von konjugierten Dienen und Malondialdehyd (MDA), einem Nebenprodukt der LPO, gemessen werden.

Protokoll:

1) Geben Sie 455 pL TBA-Reagenz zu 140 pL Serumprobe.

2) Die Probe durch Vortexen mischen und 15 Minuten lang im kochenden Wasserbad inkubieren.

3) Die Lösung wird bei Raumtemperatur abgekühlt und der flockige Niederschlag durch Zentrifugieren bei 2000 U/min für 10 Minuten entfernt.

4) Den rosafarbenen Überstand in einem neuen Röhrchen auffangen.

5) Bestimmung der Konzentration: Messung der Absorption des rosafarbenen Überstands im UV-Vis-Spektrophotometer bei einer Wellenlänge von 535 nm unter Verwendung eines Extinktionskoeffizienten von $1{,}56 \times 10^5$ M^{-1} cm^{-1}

6) Die optische Dichte der gebildeten rosa Farbe ist direkt proportional zur MDA-Konzentration in der Serumprobe, die anhand der Standardkurve berechnet wird.

Formel zur Bestimmung der MDA-Konzentration: -

Malondialdehyd = Extinktion bei 535 nm x 1,56*105 Konzentration (M

PROTEINPROFILIERUNG

Proteinanalysen werden durchgeführt, um oxidative Veränderungen von Proteinen zu untersuchen. ROS können die Struktur und Funktion von Proteinen verändern, indem sie kritische Aminosäurereste modifizieren, die Dimerisierung von Proteinen induzieren und mit Fe-S-Komponenten oder anderen Metallkomplexen interagieren. Oxidative

Veränderungen kritischer Aminosäuren innerhalb der funktionellen Domäne von Proteinen können auf verschiedene Weise erfolgen. Die bei weitem am besten beschriebene dieser Modifikationen betrifft Cysteinreste. Die Sulfhydrylgruppe (-SH) eines einzelnen Cysteinrestes oxidiert zu Sulfen- (-SOH), Sulfin- (-SO2H), Sulfon- (-SO3H) oder S-glutathionylierten (-SSG) Derivaten.

Solche Veränderungen können die Aktivität eines Enzyms verändern, wenn sich das kritische Cystein in seiner katalytischen Domäne befindet, oder die Fähigkeit eines Transkriptionsfaktors, DNA zu binden, wenn es sich in seinem DNA-Bindungsmotiv befindet.

Für die Analyse von Proteinen, die durch oxidativen Stress beeinträchtigt werden, werden folgende Testparameter verwendet
1)   Bestimmung der Proteinkonzentration.

2)   SDS-SEITE

Bestimmung der Proteinkonzentration im Serum: -

Die Lowry-Methode wird zur Bestimmung der Proteinkonzentration im Serum verwendet und mit der Standardkurve von BSA (Bovines Serum Albumin) verglichen.

Prinzip des Lowry-Tests

Die Lowry-Methode ist eine sehr empfindliche Methode für niedrige Konzentrationen von Proteinen. Bei dieser Methode erzeugen die phenolischen Gruppen der Tyrosin- und Tryptophanreste (Aminosäuren) in einem Protein eine blau-violette Farbe mit dem Folin-Ciocalteau-Reagenz, das aus Natriumwolframat, Molybdat und Phosphat besteht. Die Intensität der Farbe hängt also von der Menge dieser aromatischen Aminosäuren ab und ist daher bei verschiedenen Proteinen unterschiedlich.

Protokoll:

1) 10 pl Serumprobe zu 990 pL destilliertem Wasser hinzufügen und die Lösung durch leichtes Vortexen mischen.

2) Zu der obigen Lösung werden 4,5 mL der Lösung C hinzugefügt und die Probe durch Schütteln gemischt.

3) Die Lösung 30 Minuten lang im Dunkeln inkubieren, 0,5 ml Folins-Reagenz zugeben und 10 Minuten lang inkubieren; die Lösung färbt sich blau.

Bestimmung der Konzentration: Die Konzentration der Lösung wird mit einem UV-Vis-Spektrophotometer bei einer Wellenlänge von 660 nm bestimmt. (Lowry, O.H.et al.1951), unter Verwendung von 0,1 O.D.= 400pg/mL aus dem Standarddiagramm.

SDS PAGE (Natrium-Dodecyl-Sulfit-Polyacrylamid-Gelelektrophorese):

Die Proteinanalyse erfolgt durch SDS-PAGE (Natrium-Dode-Sulfit-Polyacrylamid-Gelelektrophorese). Bei diesem Verfahren werden die Eiweißmoleküle aufgrund ihrer Ladung und Größe getrennt. SDS-PAGE ist eine Methode der Elektrophorese für Proteine. Bei der SDS-PAGE wird ein anionisches Detergens (SDS) verwendet, um Proteine zu denaturieren. Ein SDS bindet sich an 2 Aminosäuren. Dadurch wird das Verhältnis zwischen Ladung und Masse aller denaturierten Proteine in der Mischung konstant. Die Proteinmoleküle bewegen sich nur aufgrund ihres Molekulargewichts zum Gel (Anode) und werden getrennt. Das Verhältnis zwischen Ladung und Masse variiert für jedes Protein (in seiner nativen oder teilweise denaturierten Form). Die Schätzung des Molekulargewichts wäre dann sehr komplex. Daher wird die SDS-Denaturierung verwendet. Die Gelmatrix wird aus Polyacrylamid gebildet. Die Polyacrylamidketten werden durch N,N-Methylenbisacrylamid-Comonomere vernetzt. Die Polymerisation wird durch Ammoniumpersulfat (Radikalquelle) eingeleitet und durch TEMED (ein Radikal-Donor und -Akzeptor) katalysiert. Diese Gele werden normalerweise mit konstantem Strom betrieben.

Protokoll:

1) *Gelvorbereitung:* Waschen und reinigen Sie die SDS-PAGE-Platten und den Puffertank für das Gießen und Ausführen des Gels.

2) Mischen Sie die Komponenten des Auflösungspuffers in einem 15-mL-Röhrchen und geben Sie sie mit einer Pipette in die Platten, fügen Sie etwas

Wasser über den Auflösungspuffer hinzu, damit eine gleichmäßige Schicht entsteht.

3) Nach dem Erstarren des Auflösungsgels das Wasser verwerfen, die Komponenten des Stapelgels mischen und in die Schale über dem Auflösungsgel geben.

4) Legen Sie den Kamm sofort auf das Stapelgel.

5) *Vorbereitung der* Probe: Mischen Sie die Ladeprobe und den Ladefarbstoff im Verhältnis 1:5.

6) 5 Minuten bei 100°C inkubieren.

7) *Laden der Probe in das Gel:* Überführen Sie die Gelschale in den Puffertank und gießen Sie 1X SDS-Laufpuffer ein.

8) Geben Sie 5 pL der Probe zusammen mit dem Proteinmarker in jede Vertiefung.

9) *SDS PAGE Gel laufen lassen:* Schließen Sie den Tank über die Elektroden an das Netzteil an, stellen Sie das Netzteil auf 45 mA ein und starten Sie den Lauf.

10) Wenn die Probe aus dem Brunnen kommt, erhöht sich der Strom auf 70 mA.

11) Nach dem Gellauf überführen Sie das Gel in die Coomassie-Brillantblau-Färbung Lösung für 90 Minuten unter Schütteln.

12) Legen Sie das Gel über Nacht in Entfärbelösung ein.

13) Beobachten Sie die Banden unter dem Gel-Doc-System.

14) Die molekulare Masse der Proteinprobe kann anhand der Banden des Markers bestimmt werden

Ergebnisse

Daten aus der biochemischen Analyse von Serumproben

TABELLE Nr. 1: *Vergleich der Radikalfängeraktivität (RSA) bei Kontrollpersonen und Personen mit unipolarer Depression*

Concentration of serum(µg/ml)	Control n=10	Unipolar depression n=10	p value
6.0	76.24%(0.093)	65.25%(0.105)	0.235
3.0	68.15%(0.087) *	36.48%(0.089) *	0.0248
2.0	63.30%(0.093)	31.11%(0.094)	0.0581
1.5	59.51%(0.091) *	22.79%(0.112) *	0.00534
1.4	51.71%(.108) *	19.825(0.124) *	0.00510

In der Tabelle werden die Daten (RSA) als MEAN(S.E.) dargestellt.

Steht für $p < 0,05$

TABELLE Nr. 2: *Vergleich der Katalase-Aktivität bei Kontrollpersonen und Personen mit unipolarer Depression*

Time interval in sec	Control n=10	Unipolar depression n=10
60	276.73(0.013)	123.42(0.018)
120	163.69(0.018)	111.58(0.035)
180	66.13(0.048)	74.93(0.044)
240	49.39(0.080)	74.68(0.016)
300	39.07(0.115)	69.31(0.041)

360	36.59(0.104)	62.60(0.027)
420	19.12(0.17	50.41(0.048)
480	12.37(0.19)	41.87(0.085)
540	10.39(0.2360)	23.64(0.057)

In Tabelle Nr. 2 sind die Daten (Katalaseaktivität U/ml) als Mittelwert ± S dargestellt.

TABELLE NO.3: *-Vergleich der Lipidperoxidation bei Kontrollpersonen und Personen mit unipolarer Depression*

Sample concentration in µg/ml	Control n=10	Unipolar depression n=10
2µg/ml	0.0383(0.023)	0.162(0.056)

In this table data represented as
mean±S.E.

Aus der Proteinanalyse von Serumproben gewonnene Daten

TABELLE Nr. 1: Demografische Daten der Kontrollpersonen und der Personen mit unipolarer Depression

S.no.	Category	Age	Gender	Protein concentration of serum in ng/ml
1	control	28	Male	701.2
2	control	28	Female	759.6
3	control	35	Male	342
4	control	40	Male	482
5	control	48	Male	384
6	control	26	Female	564
7	control	22	Male	649.3
8	control	22	Male	588
9	control	38	Female	360.8
10	control	25	Male	513.2

Tabelle 2: Demografische Daten der Kontrollpersonen und der Personen mit unipolarer Depression

S.no.	Category	Age	Gender	Protein concentration of serum in ng/ml
1	Diseased	26	Male	418.8
2	Diseased	30	Male	513.2
3	Diseased	48	Male	260
4	Diseased	26	Female	298.4
5	Diseased	38	Male	385.4
6	Diseased	22	Male	245.2
7	Diseased	35	Male	76
8	Diseased	30	Female	129.2
9	Diseased	22	Female	600
10	Diseased	25	Male	564.4

Diskussion

Diskussion der Daten aus den biochemischen Tests und der Erstellung von Proteinprofilen.

Statistische Analyse der Daten aus dem biochemischen Test:

DPPH-Radikalfängertest

Abb. Nr. 1 *Diagramm des DPPH-Radikalfängertests*

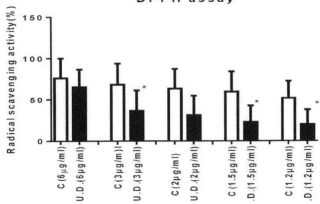

Anmerkung: * bedeutet Signifikanz p<0,05

C - Kontrolle

U.D.- Unipolare Depression

Beim DPPH-Assay ist die Radikalfängeraktivität (RSA) bei depressiven Patienten im Vergleich zur Kontrolle signifikant verringert (p<0,05), was durch die Daten bestätigt wird, wie z.B. die maximale RSA bei der Kontrolle ist 76,24%, aber bei der Depression ist sie 65,25%.

Test der Katalase-Aktivität:

Abb. Nr. 2- Diagramm der Katalaseaktivität

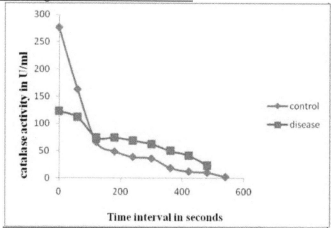

Im Falle des Katalase-Assays ist die Aktivität des Katalase-Enzyms im Vergleich zur Kontrolle hoch. Bei depressiven Patienten liegt die höhere Enzymaktivität bei 276,23U/ml, bei der Kontrollgruppe jedoch bei 123,42U/ml. Die Grafik zeigt auch eine gewisse Zufälligkeit in der Zunahme.

__Lipidperoxidationstest:__

__Abb. Nr. 3 Test auf Lipidperoxidation__

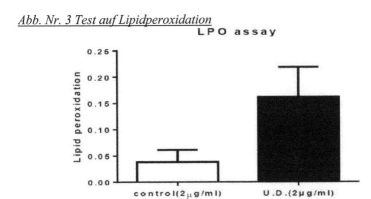

LPO assay

In graph data represented as mean± S.E.

Im Falle des Lipidperoxidationstests gibt es eine signifikante Erhöhung der Lipidperoxidationsrate bei Patienten im Vergleich zur Kontrolle, d.h. es gibt eine übermäßige Produktion von MDA (Malondialdehyd) aufgrund des hohen Niveaus der Lipidperoxidation.

Gel-Bild-Analyse von SDS-PAGE (Protein-Profiling) :

SDS-PAGE-Untersuchung:

Abb. 4: Aus der SDS-Seitenanalyse generiertes Gelbild

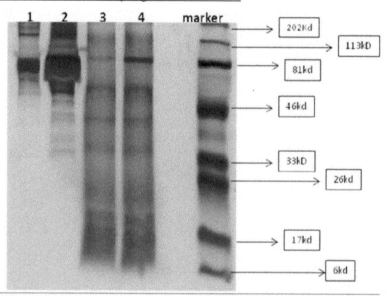

Details of sample loaded in the gel

S.no.	category	Age	Gender	Conc.ng/uL
1	Diseased	22	Male	245.2
2	control	22	Male	588
3	Diseased	25	Male	564.4
4	control	25	Male	513.2

Der Vergleich der erkrankten Probe Nr. 1 und Kontrollproben Nr. 2 zeigt die Krankheitsprobe im Vergleich zur Kontrollprobe eine geringere Proteinkonzentration, insbesondere im Bereich von 81 kd bis 46 kd.

Der Vergleich der kranken Probe Nr. 3 und der Kontrollprobe Nr. 4: Beide Proben weisen fast die gleiche Konzentration auf, aber die kranke Probe hat eine dünne Bande bei 81kd im Vergleich zur Kontrolle.

Abb. 5: Aus der SDS-Seitenanalyse generiertes Gelbild

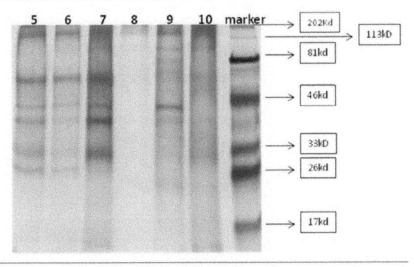

Details of sample loaded in the gel				
5	control	38	Female	360.8
6	Diseased	38	Male	385.4
7	control	35	Male	342
8	Diseased	35	Male	76
9	control	22	Male	649.3
10	Diseased	22	Female	600

Der Vergleich der Kontrollprobe Nr. 5 und der kranken Probe Nr. 6, haben beide Proben fast die gleiche Konzentration, aber die kranke Probe hat eine dünne Bande zwischen den
Bereichen von 46kd-33kd. Vor allem gibt es fast keine oder sehr dünne Bande bei 33kd im Vergleich zur Kontrolle.

Der Vergleich der Kontrollprobe Nr. 7 und der kranken Probe Nr. 8 zeigt sich bei beiden Proben ein großer Unterschied in der Proteinkonzentration und ein Verlust an proteinspezifischen Banden in der erkrankten Probe.

Der Vergleich der Kontrollprobe Nr. 9 und der kranken Probe Nr. 10: Beide Proben haben fast die gleiche Konzentration, aber die kranke Probe zeigt beim Vergleich mit dem Marker keine scharfe Bande.

Schlussfolgerung

Eine Reihe von Faktoren führt zu oxidativem Stress, der für die Zellen tödlich ist, insbesondere für Nervenzellen, was bereits von (Flovd, et al.; 2011) beschrieben wurde. Nach der Durchführung des biochemischen Tests und der Erstellung von Proteinprofilen zeigen die erhaltenen Daten die folgenden Veränderungen:.

Biochemischer Test

DPPH-Test/ Radikalfängertest:

Die signifikante Abnahme der Radikalfängeraktivität bei Patienten mit unipolarer Depression deutet darauf hin, dass das antioxidative System des Patienten nicht in der Lage ist, die übermäßige Produktion von Radikalen zu neutralisieren.

Katalase-Aktivität:

Eine erhöhte Katalaseaktivität wird bei depressiven Patienten im Vergleich zu Kontrollpersonen beobachtet, und diese Erhöhung wird durch einige Forschungsarbeiten wie (Galecki P. et al.) und (de Sousa R.T. et al.) bestätigt.

Test auf Lipidperoxidation:

Der signifikante Anstieg der Lipidperoxidation wird bei depressiven Personen beobachtet, was darauf hindeutet, dass aufgrund des geschwächten antioxidativen Systems das Niveau der Lipidperoxidation ansteigt, was zu einer hohen MDA-Konzentration führt.

Protein-Profiling-Assay

SDS-PAGE-Untersuchung:

Bei der Betrachtung der Gelbanden der Kontroll- und der erkrankten Serumprobe lässt sich feststellen, dass die erkrankten Proben eine niedrige Proteinkonzentration aufweisen. In einigen Fällen ist der Kontrast zwischen der Proteinkonzentration der erkrankten und der Kontrollprobe sehr gering, aber die Bilder der erkrankten Proben zeigen entweder sehr dünne Banden oder einen Schliereneffekt. Daraus lässt sich ableiten, dass die erkrankte Probe einem Abbau unterliegt, der zu einer Veränderung der Proteinstruktur führen kann, was wiederum die Funktion des Proteins beeinträchtigen kann. Der Anstieg des oxidativen Stresses und die Fehlfunktion von Antioxidantien (Enzymen) können der Grund für das Fehlen oder den Abbau der Proteine sein.

Zusammenhang zwischen den durchgeführten Tests

Der verringerte Radikalfängertest deutet auf den Verlust einer ausreichenden antioxidativen Aktivität beim Patienten hin. Da die antioxidative Aktivität von einer Gruppe von Enzymen ausgeübt wird, lässt sich vorhersagen, dass einige Enzyme ihre Radikalfängeraktivität nicht mehr ausüben können, was letztlich zu oxidativem Stress führen kann. Dieser hohe Grad an oxidativem Stress führte zu einer erhöhten Katalaseaktivität aufgrund des Versagens anderer antioxidativer Enzyme, aber der erhöhte Grad an Lipidperoxidation, d.h. die Produktion von MDA, zeigt, dass der erhöhte Katalasegehalt nicht in der Lage ist, den Anstieg des oxidativen Stresses vollständig zu stabilisieren. Dieser Anstieg des Lipidperoxidationsniveaus führt zu einer geringeren Lebensdauer der Neuronen, verringert die Expression von Neurofilamenten, reduziert die Stabilität der Membranen und beeinträchtigt auch die Freisetzung von Neurotransmittern.

Da das oben erwähnte System zur Unterdrückung von oxidativem Stress nicht in der Lage ist, den oxidativen Stress aufrechtzuerhalten, was zu einer Veränderung des Proteins oder einer Denaturierung des Proteins führen kann, führt dies zu einer Veränderung der Aktivität der Enzyme (da alle Enzyme Proteine sind) oder zu einer drastischen Veränderung der Konzentration der Proteinmoleküle.

Diese Studie zeigt, dass unipolar depressive Personen eine eingeschränkte antioxidative Aktivität aufweisen, die zur Erkennung einer unipolaren Depression im Frühstadium genutzt werden kann.

Zukünftige Aspekte

Die in dieser Studie diskutierten Parameter können zur Früherkennung eingesetzt werden. Diese Parameter sind besser anwendbar, wenn sie auf eine breite Bevölkerungsgruppe angewendet werden und diese in verschiedene Gruppen wie Geschlecht und Altersgruppe unterteilt wird.

Derzeit wird das BioM-10 Mood-Panel, ein peripheres Biomarker-Set für niedrige bzw. hohe Stimmungszustände, zur Diagnose einer schweren depressiven Episode und zur Überwachung der Wirksamkeit einer kognitiven Verhaltenstherapie (CBT) eingesetzt. Dieses Panel umfasst Gene, die mit Wachstumsfaktorwegen und der Myelinisierung zusammenhängen, was neue Einblicke in die Pathophysiologie der Stimmungsdysregulation ermöglichen könnte. Da es sich jedoch um eine genomweite Microarray-Plattform handelt, kann der Test kostspieliger und zeitaufwändiger sein (Microarray - 4 Tage Prozess).

Referenzen

- Andersen, J.K.,(2004).Oxidativer Stress bei Neurodegeneration: Ursache oder Folge?Nat. Med. 10   : 18-25 Berk, M., Dean, O., Bush, A.I.,(2008).Oxidativer Stress bei psychiatrischen Erkrankungen:Evidenzbasis und therapeutische Implikationen. Int. J. Neuropsychopharmacol. 11: 851-876.

- Butterworth, J.,(1986).Changes in nine enzyme markers for neurons, glia, and endothelial cells in agonal state and Huntington's disease caudate nucleus. J Neurochem.:47:58

- Bloro,K.K.,Ramasarma,T.(2003).Methods for estimating LPO: An Analysis merits or demerits.40:300-308

- Cadenas, E., Davies,K.J.,(2000) Free Radic. Biol. Med. 29 :222

- Chung,P.;Schmidt,D.;MichaelStein,C.;Morrow,J.D.;Salomon,R.M.;(2 012).Increased oxidative stress in patients with depression and its relationship to treatment.206:213-216

- Cook,I.A.,(2008)Biomarker in der Psychiatrie: Potentials, Pitfalls, and Pragmatics.15:54-59

- Doinia,D.,Filip,A.,Decea,N.(2008).Oxidative Effekte nach Photodynjamische Therapie bei Ratten.64:364-369

- Durackova,Z.(2009)Some. Current Insights into Oxidative Stress Institute of Medical Chemistry, Biochemistry and Clinical Biochemistry, Faculty of

Medicine.59:459-469

- Elsaadani, M., Esterbauer H., Elsayed, M., Goher M., Nassar AY, Jurgens G A(1989) Spektralphotometrischer Test für Lipidperoxide in Serum-Lipoproteinen unter Verwendung eines handelsüblichen Reagens.30: 627-630

- Fiedorowicz,M.; Grieb,P.;Nitrooxidativer Stress und Neurodegeneration Mossakowski Medical Research Centre, Polish Academy of Sciences

- Finand,J.,Lac,S.,(2006).Oxidativer Stress.36:328-353

- Frenander,B.,Gamma,C.S.,et al.(2009). Brain-Derived Neurotrophic Factor im Serum bei bipolarer und unipolarer Depression: Ein potenzielles Hilfsmittel für die Differentialdiagnose. 1-5

- Frokjaer, V.G., Vinberg, M., Erritzoe, D., Baare, W., Holst, K.K., Mortensen, E.L., Arfan, H., Madsen, J., Jernigan, T.L., Kessing, L.V., Knudsen, G.M.,(2010) Familiäres Risiko für Stimmungsstörungen und der Persönlichkeitsrisikofaktor Neurotizismus interagieren in ihrem Zusammenhang mit der frontolimbischen Serotonin-2A-Rezeptorbindung. Neuropsychopharmakologie.

- Galecki P., Szemraj J., Bie'nkiewicz M., Florkowski A. und Galecka E., "Lipidperoxidation und antioxidativer Schutz bei Patienten während akuter depressiver Episoden und in Remission nach Fluoxetin-Behandlung,". Pharmacological Reports, vol. 61,no. 3, S. 436-447, 2009

- Gould, E.,(2007).Wie verbreitet ist die adulte Neurogenese bei Säugetieren? Nature Reviews. Neuroscience .8:481-488

- Gonsette,R.E.,(2008). Neurodegeneration bei Multipler Sklerose: Die Rolle von oxidativem Stress und Exzitotoxizität.274:48-53

- Grover,S.,Avasthi,A.,Dutt,A.(2010).An overview of Indian research in Depression.52:178-188

- Goth, L.(1991).A simple method of dtermination catalase activity and revision of refrence range.19:(143-152)

- Grotto,D., Maria,L.S., Valentini,J.et al.,(2000).Bedeutung der Lipidperoxidations-Biomarker und methodische Aspekte für die Quantifizierung von Malondialdehyd.(2000)

- Hames, B. D. und Rickwood, D., (1990).Gel Electrophoresis of Proteins: A Practical Approach, 2, S. 17, Oxford University Press, New York

- Hazra,K.T.,Hazra,B.,Bhakat,K.K.,Hegde,M.L.,Mantha,A.K.(2012)Oxid ative Genomschäden und ihre Reparatur: Implications in aging and neurodegenerative diseases.133:157-168

- Hill,N.M.,Hellemans,K.G.C.,Verma,P.,Winberg,J.(2012). Neurobiologie von chronischem leichtem Stress: Parallelen zur Major Depression.36:298-299.

- Hung,C.H.;Chen,Yu.C.;Hsieh,W.L.;Kao,C.L.;(2010) .Ageing and neurodegenerative diseases.95:536-546

• Martínez F.C., F. León-Vázquez, A. Payá-Pardo, and A. Díaz-Holgado, "Use of health care resources and loss of productivity in patients with depressive disorders seen in Primary Care: INTERDEP Study," Actas Españolas de Psiquiatría, vol. 42, no. 6, pp. 281-291, 2014. Ansicht bei Google Scholar

• Mathers C.D. und Loncar D., "Projections of global mortality and burden of disease from 2002 to 2030", PLoS Medicine, Bd. 3, Nr. 11, S. 2011-2030, 2006. Ansicht beim Verlag - Ansicht bei Google Scholar - Ansicht bei Scopus

• Migliore, L., Fontana, I., Colognato, R.,Coppede, G.,(2005)Auf der Suche nach der Rolle und den am besten geeigneten Biomarkern für oxidativen Stress bei der Alzheimer-Krankheit und anderen neurodegenerativen Erkrankungen.26:587-595

• Milders, M., Bell,S., Platt,S., Serrano, R., Runcie, O.(2009)Stabile Anomalien der Ausdruckserkennung bei unipolarer Depression. Muller,N.,Myint, Aye. Mu.(2011) InflammatoryBiomarkers and Depression.19;308-318

• Rowdin, B.S.,Mellon,S.H. et al.(2012).Dysreguliertes Verhältnis von Entzündung und oxidativem Stress bei Major Depression.:1-10
• Osphal,J.A.,Aye,T.T.,et al.(2012).Proteomics of cerebral spinal Flüssigkeit:Entdeckung und Überprüfung von Biomarker-Kandidaten in neurodegenerative Erkrankungen mittels quantitativer Proteomik.74:374-388

• Krishnan, V., Nestler, E.J.,(2008). Die molekulare Neurobiologie der

Depression. Nature.455,:894-902.

• Kathryn,L.,Schaefer,L.T.,Bauman,J.,Rich,A.B. (2010)Wahrnehmung von Gesichtsemotionen bei Erwachsenen mit bipolarer oder unipolarer Depression und Kontrollen.44:1229-1235

• Lente,F.V.;Popp,M.;(1990)gekoppelte Enzymbestimmung der Katalase-Aktivität in Erythrozyten.36:1339-1343

• Letelier,E,Troncoso,J.C,et al.,(2007) DPPH und freie Sauerstoffradikale als Pro-Oxidationsmittel von Biomolekülen.22:279-288

• Nielsen,F.,Mikkelsen,B.B.(1997).Plasma MDA als Biomarker für oxidativen Stress:Referenzintervall und Auswirkungen von Lebensstilfaktoren.43:1209-1214

• Rawdin, B.S.; Mellon, S.H.; Dhabhar, F.S.; Puterman,E.;Su,P.Wolkowitz, O.M.;et al.(2011).Dysreguliertes Verhältnis von Entzündung und oxidativem Stress bei Major Depression.676-692

• Robinson,D.S.,(2007).Erhöhte MAO-A-Spiegel im Gehirn bei schwerer depressiver Störung.12:32-34

• Russo-Neustadt, A., Beard, R.C., Cotman, C.W.,(1999). Bewegung, antidepressive Medikamente und verstärkte Expression des neurotrophen Faktors im Gehirn. Neu ropsychopharmacology.21: 679-682

- Pinchuk, I., Shoval, Y., Doyan, D., Licthenberg (2012). Evaluation of antioxidants: Scope, limitations and relevance of assays.165:638-647

- Seco,M.,Wilson,K.M.,(2006)Serum-Biomarker für neurologische Schädigungen bei Herzoperationen.94:1026-1033

- Serra, J.A.; Dominguez, R.O.;(2001) de Lustig, E.S.; Guareschi, E.M.; Famulari;A.L.; Bartolomé, E.L.; et al. Parkinson's disease is associated with oxidative stress: comparison of peripheral antioxidant profiles in living Parkinson's, Alzheimer's and vascular dementia patients J Neural Transm.

- Seth, P.K.; Chandra, S.V.;(1984) Neurotransmitter und Neurotransmitterrezeptoren in sich entwickelnden und erwachsenen Ratten während einer Manganvergiftung. Neurotoxikologie;5:67-76

- Sies, H.;. Oxidativer Stress: Einleitende Bemerkungen. In: Sies H, editor. Oxidativer Stress.London: Academic Press; (1985). .

- Sheline, Y.I.,(1966) .Hippocampus-Atrophie bei schwerer Depression: eine Folge der depressionsbedingten Neurotoxizität? Molekulare Psychiatrie1, 298-299.

- Shelton, R.C., Hal Manier D., Lewis, D.A. (2009). Protein-Kinasen A und C im postmortalen präfrontalen Kortex von Personen mit Major Depression und normalen Kontrollpersonen.International Journal of Neuropsychopharmacology (2009).

- Shukla,V. ,Mishra,S.K., Pant,H.C.,(2011)Oxidative Stress in Neurodegeneration.Laboratory of Neurochemistry, National Institute of Neurological Disorders and Stroke, National Institutes of Health, Bethesda, MD 20892, USA Molecular Genetics Unit, Laboratory of Sensory Biology,

NIDCR, NIH, Bethesda, MD 20892, USA:1-14

- Shudha, K.,Rao, A., Rao, S.,(2003).Free radical toxicity and antioxidant in parkinsons disease.51;60-62 Willner,P.,Belzung,C.,et al.(2012). Die Neurobiologie der Depression und die Wirkung von Antidepressiva: 1-41

- Willner,P.,Belzung,C.,et al.(2012). Die Neurobiologie der Depression und die Wirkung von Antidepressiva:1-41

- Youdim,M.B.H.; P. (2011)Riederer, J. Neurochemistry. 118 :939.

APPENDIX

__Reagenzien für den Proteintest__

Reagenzien: -1) Lösung A: -2%Na2CO3 in 0,1N NaOH.

    2) Lösung B: - 0,5%CuSo4.5H2o in 1% Na-K-Tartarat.

    3) Lösung C: - Lösung A und Lösung B gemischt im Verhältnis 50:1.

    4) Folins und Ciolcateau-Phenol-Reagenz: - durch Mischen von Folins-Reagenz.

__Reagenzien für den DPPH-Assay__

1mM der DPPH-Lösung in Methanol.

__Reagenzien für den Katalasetest__

0,05M Kaliumphosphatpuffer, pH-7,0.

0,059M Wasserstoffperoxid (30%) in 0,05M Kaliumphosphatpuffer.

Reagenzien für SDS-PAGE
5XProbenpuffer-Zusammensetzung:

S.no.	Reagent	vol/weight
1	SDS	10% W/V
2	Dithiotheritol	10 mM
3	Glycerol	20% v/v
4	Tris Hcl, pH6.8	0.2 M

Bromphenolblau - .05% w/v in 8 M Harnstoff für hydrophobes Protein.

S.no.	Reagent	vol/weight
1	Tris Hcl, pH6.8	25 mM
2	Glycine	200 mM
3	SDS	0.1 %w/v

1x Laufgel-Lösung

Für verschiedene Anwendungen, die auf den gewünschten Acrylamidanteil erhöht werden sollen, stellen Sie 30 ml fließfähiges Gel her, indem Sie einen der folgenden Prozentsätze auswählen und die unten aufgeführten Zutaten mischen. Nach der Zugabe von TEMED und APS polymerisiert das Gel recht schnell, daher sollten Sie diese erst zugeben, wenn Sie sicher sind, dass Sie bereit zum Gießen sind.

Resolving gel composition	7%	10%	12%	15%
H₂O	15.3 ml	12.3 ml	10.2 ml	7.2 ml
1.5 M Tris-HCl, pH 8.8	7.5 ml	7.5 ml	7.5 ml	7.5 ml
20% (w/v) SDS	0.15 ml	0.15 ml	0.15 ml	0.15 ml
Acrylamide/Bis-acrylamide (30%/0.8% w/v)	6.9 ml	9.9 ml	12.0 ml	15.0 ml
10 %ammonium persulfate (APS)	0.15 ml	0.15 ml	0.15 ml	0.15 ml
TEMED	0.02 ml	0.02 ml	0.02 ml	0.02 ml

Stacking Gel Solution (4% bAcrylamide):

H₂O	3.075 ml
0.5 M Tris-HCl, pH 6.8	1.25 ml
20% (w/v) SDS	0.025 ml
Acrylamide/Bis-acrylamide(30%/0.8% w/v)	0.67 ml
(APS)	0.025 ml
TEMED	0.005 ml

Milton Keynes UK
Ingram Content Group UK Ltd.
UKHW010850280324
440101UK00001B/146